序 言

由于有了大自然的无私奉献，人类才得以生存于这个色彩绚丽的世界之中。从每年的春夏秋冬到每天的朝霞余晖，人们饱览和感受了各种不同的色彩变化。我们认识这个世界的美丽也是从色彩开始的，色彩不仅象征着自然的迹象，同时也象征着生命的活力，没有色彩的世界是不可想像的。现代的艺术家们正是从色彩的世界中得到了足够的灵性而开始了他们富有特殊意义的艺术旅程。

现代设计的色彩研究正在随着设计理念的不断变化而快速发展，作为现代设计的重要组成部分，色彩在设计中的作用显而易见。当我们在为设计作品中色彩的精彩表现而陶醉时，也不得不为设计师的匠心独运而感叹。设计作品的色彩取向往往带有浓郁的时代背景，而时代的变迁又往往依赖于社会的政治、经济、文化、艺术等各方面的综合发展。在设计领域里，我们所说的各个设计专业的时代特征通常都可以从设计作品及生产的产品色彩中找到答案，如服装设计流行色彩的发布预示着着装风格及着装文化的改变与流行；环境艺术设计中也同样有着流行色与装修风格的主流走向；工业产品设计的色彩变化同样强调时代的鲜明性。如果我们能够多加留意和观察设计作品的色彩变化，就会发现许多有趣的现象：人们在不断变化自己的服装色彩，今年爱穿红色和黑色，明年爱穿白色和棕色；家居的色彩也是一年一个样；装修的色彩风格时而华丽，时而典雅，多少体现了人们对时代的进步与变化的积极反应以及对美好生活的强烈追求。在家电产品中，过去所提到的黑色家电指的是电视机，白色家电指的是冰箱、空调和洗衣机，但在今天的产品设计中，为了更好地迎合人们不同的欣赏习惯及审美需求，家电的色彩设计已经变得非常的丰富和多样化，除了黑色和白色，我们还会看到灰色、蓝色、绿色和紫色等多种色彩的家电产品，极大地丰富了人们的生活。没有设计的中国已成历史，没有色彩的中国也已过去。现代设计在中国虽然年轻，但充满活力；设计色彩的研究和教育虽然起步较晚，但却前程似锦。我们在国内外众多设计师及专家的色彩运用和研究成果的基础上，作了更进一步的拓展与探索，从不同角度和视角分析了设计色彩的相关特征和风格，使色彩研究更加全面和具有较强的艺术性和学术性。

《现代设计色彩教材丛书》在各位同仁的大力支持下，即将与广大的读者见面，我们颇感欣慰与遗憾，欣慰的是本套丛书在经历两年的艰苦耕耘下终于告一段落，完稿成书。遗憾的是本书的编写仍然有许多不足和欠缺，还希望各位读者给予批评和指教。

本书录用的图稿既有教学中学生的作品，也有国内外设计师的优秀作品，风格极为多样化，具有着很高的学习及鉴赏价值。

停笔之前，再次感谢为此书的编写给予过帮助的老师、同学及各位朋友。

编者写于广西艺术学院设计学院

2004年12月6日

目录

Audi

etc.
ALWAYS
Coca-Cola

01 概　述

展示设计是一个有着丰富内容，涉及广泛领域并随着时代发展而不断充实其内涵的课题。从1861年伦敦海德公园的世界博览会、1925年的巴黎博览会以及各种世界规模的交易会，到迪斯尼乐园及各类商品展销会、各种商品陈列等无一不是我们熟悉的例子。尽管这些展示在规模和性质上有着很大的差别，但在设计的性质上有着相近的特点。近年来，世界各国的许多展示都呈现出高投入、长期化的趋势，一些著名的博物馆都不吝巨资，投入巨大人力物力，积极运用最新科技成果，使展示成为一种融尖端科技和密集信息的艺术性的文化活动。伴随着展示活动的推广，与展示设计密切相关的展示色彩设计，作为展示设计很重要的一部分也受到越来越多的关注。

BRASILIEN
ORDEM E PROGRESSO

02 展示色彩设计的对象

展示色彩设计的对象首先是人，人在参与展示活动中通过色彩对信息指示、信息咨询、信息提供等方面进行选择并获取自己的需求。因而展示色彩设计首先要研究人的思想观念、生活方式、审美标准的变化，从而探索展示色彩设计的本质意义和色彩设计美学的原理。

展示色彩设计需要成功创造一个有效的展示效果，并符合人的视觉生理和视觉心理，所以是一个融环境、策划、文化、创意、艺术、实践等的综合过程。

色彩在展示设计中，具有相当重要的作用。与形状相比，色彩更能引起人的视觉反应，而且还直接影响着人的心理和情绪。展示设计中的色彩运用得当，能够调节气氛，改善视觉环境，增强整个环境的信息交换的有效机会。

03 展示色彩设计的目的

展示色彩设计的根本目的是通过设计，将色彩配置运用于空间划分、平面布置、灯光控制，有计划、有目的、符合逻辑地将展示的内容展现给观众，并力求使观众在特定的空间中最有效地接受有关信息。

通常在展示性最强的部位，色彩运用也最为丰富，并可有较大的色彩跳跃和强烈对比，突出各个重点装饰部位。

Kikládhes Culture
Minoan Culture
Mycenaean Culture
Aphrodite
Hestia
Zeus

04 展示色彩设计的宗旨

展示色彩设计的宗旨是为了有效传达信息而创造一个舒适、美观、方便、科学的色彩环境，丰富人们对物质信息和精神信息的获取条件，提高人们对信息的获取效率。

绚丽的蓝紫色调灯光用以时尚的家具点缀使空间更具摩登感。

05 展示色彩的基本要求

在进行展示色彩的设计时，应首先了解和色彩有密切联系的以下问题：

1. 展示色彩的要求

不同的展示目的，如综合类、专题类、专业类等等，显然在考虑色彩的要求、性格的体现、气氛的形成时会各不相同。

展示色彩的设计要根据颜色对人心理的影响，将颜色分为暖、冷两类色调；暖色调主要用于热烈的环境中，而冷色调主要用于心情需要平静的场所。

2. 展示空间

展示空间的大小、形式，可以按色彩不同将空间大小、形式来进一步强调或削弱。

3. 展示空间的方位

不同方位在自然光线作用下的色彩是不同的，冷暖感也有差别，因此，也可利用色彩来加强色彩的魅力。背景色、主体色、强调色三者之间的色彩关系决不是孤立的、固定的，如果机械地理解和处理，必然千篇一律，变得单调。换句话，既要有明确的图底关系、层次关系、远近大小和视觉中心，但又不刻板、僵化才能达到丰富多彩。

4. 在展示空间里的受众的类别

老人、小孩、男、女，对色彩的要求有很大的区别，色彩应明确有适合主要展示目的的要求倾向。以年龄来说，儿童性格天真、好奇，应该运用活泼、欢快、明朗新鲜的红、橙、黄、绿色等色彩来装饰其环境；中青年人爱好学习，勇于创新，喜欢运动，性情急躁，易于激动，适宜的环境色彩是橙黄、浅绿、浅蓝等色；老年人喜爱洁净、求和平，性格固执，有些守旧，适宜的居室色彩应该古朴而深沉，如深绿、深褐、褐金等色。以性别来说，男人喜欢庄重大方的色彩；女人喜欢淡雅富丽的色彩。

5. 掌握受众在展示空间内的活动及逗留时间的长短

不同的活动内容，要求提供不同的视线条件，掌握受众在展示空间内的活动及逗留时间的长短才能提高交互效率，有效地达到信息指示、信息咨询、信息提供的目的。

6. 展示色彩与展示空间所处的周围环境有密切联系

尤其在室内，色彩的反射可以影响其他颜色。同时，不同的环境，通过室外的自然景物也能反射到室内来，因此，展示色彩在设计运用中还应与周围环境取得协调。

Tazo Ceremonial
Tea Set

50%
U!!MaRa
欢欢妙履5折舞之夏
U!!MaRa
营业中

06 展示色彩与人的关系

1.展示色彩与人的心理关系

展示色彩心理是指客观色彩世界引起的主观心理反应。色彩与人的心理、生理有密切的关系。我们都有过这样的经验，当我们注视一块红色有一定时间后，再转视一块白色或者闭上眼睛，我们就仿佛会看到一块绿色。此外，在以同样明亮的纯色作为底色，色域内嵌入一块灰色，如果纯色为绿色，则灰色色块看起来带有红味，反之亦然。这种现象，前者称为“连续对比”，后者称为“同时对比”。而视觉器官按照自然的生理条件，对色彩的刺激本能地进行调剂，以保持视觉上的生理平衡，并且只有在色彩的互补关系建立时，视觉才得到满足而趋于平衡。如果我们在中间灰色背景上去观察一个中灰色的色块，那么就不会出现和中灰色不同的视觉现象。因此，中间灰色就同人们视觉所要求的平衡状况相适应，这就是考虑色彩平衡与协调时的客观依据。

同波长的光作用于人的视觉器官产生色彩的同时，必然导致某种情感的心理活动。在我们进行展示实践中，人们已经形成了对不同色彩的不同理解和感情上的共鸣：有的色彩给人以华丽、朴素、雅致、鲜明、热烈的感觉，有的色彩使人感到喜庆、愉快、舒适……相同的色彩运用于不同的展示场合和展示时间，装饰在不同的空间、器物，会使人产生不尽相同的情绪和美感；不同色彩突出不同主题展示、节庆展示以及场馆的文化气氛、卖场展示环境等。

2.展示色彩与人的生理关系

事实上，色彩心理和色彩生理是同时交替进行的，它们之间既互相联系，又互相制约。当色彩刺激引起心理变化时，也一定会产生生理变化。

例如：食品店里的购物环境采用暖色能对人的消费目的进行暗示，具有心理上的温暖感觉，从而完成色彩心理和色彩生理转从视觉到味觉的自然联系。

相对于卖场来说，艺术馆这类人们需要长时间逗留的场所，如果受到长时间的红光刺激，会使人心理上产生烦躁不安的感觉，生理上欲求相对应的色彩过渡来补充、平衡。因此，展示色彩的美感与生理上的满足和心理上的和谐有关。

人们对展示空间的色彩感受实际上是多种信息的综合反映，它通常包括由过去生活经验所积累的各种知识。色彩感受并不限于视觉，还包括其他感觉的参与，如听觉、味觉、触觉、嗅觉，甚至还有温度和痛觉等，这些都会影响色彩的心理反应。也就是说，一个人对于展示色彩的视觉，绝不限于视觉刺激的单一的光波本身，而必然带有理解展示物体色彩的生理反应。总之，人们对展示空间的色彩知觉超越了色彩感觉所提供的视觉信息。因此，展示色彩心理刺激与生理刺激的内容十分广泛。

07 展示色彩在应用中的分类与特性

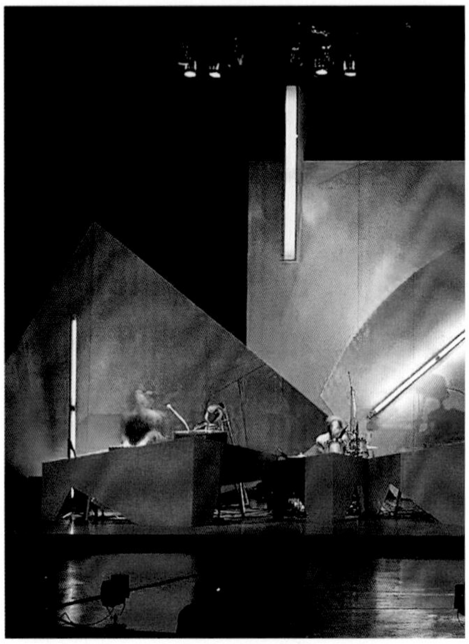

我们知道不同波长的光作用于人的视觉器官产生了色彩。自然界中的色彩绚丽多姿，千变万化，丰富多彩，但总的归纳可分为两大色系：有彩色系和无彩色系。在展示色彩里也有有彩色系和无彩色系之分，人们不过是有意识地主动创造有彩色系和无彩色系的色彩环境来达到目的。

1.有彩色系

是指具有明确色相，即赤、橙、黄、绿、青、蓝、紫等颜色。具有明确明度和纯度的不同色相都属于有彩色系。因此，有彩色系中的颜色是千差万别、数不胜数的。

2.展示设计中如何运用有彩色系

展示空间色彩应有主调或基调，冷暖、性格、气氛都可以通过展示色彩的有彩色系来体现。对于规模较大的展示空间，展示色彩主调更应贯穿整个空间，再在此基础上考虑局部的用色和不同区间作适当变化。展示空间主调的选择是一个决定性的步骤，因此色相必须要求十分贴切反应空间的主题，即希望通过色彩达到怎样的感受，是典雅还是华丽，安静还是热烈，纯朴还是奢华。用色彩语言来表达不是很容易的，要在许多色彩方案中，认真仔细地去鉴别和挑选。

为了表达积极、热情的意境，并和优美的环境相协调，在色彩上采用了有彩色的体系为主题，就要不论背景、顶棚、地面、道具、分割组合，都应贯彻这个色彩主调，从而给人统一的、完整的、深刻的、难忘的、有强烈感染力的印象。

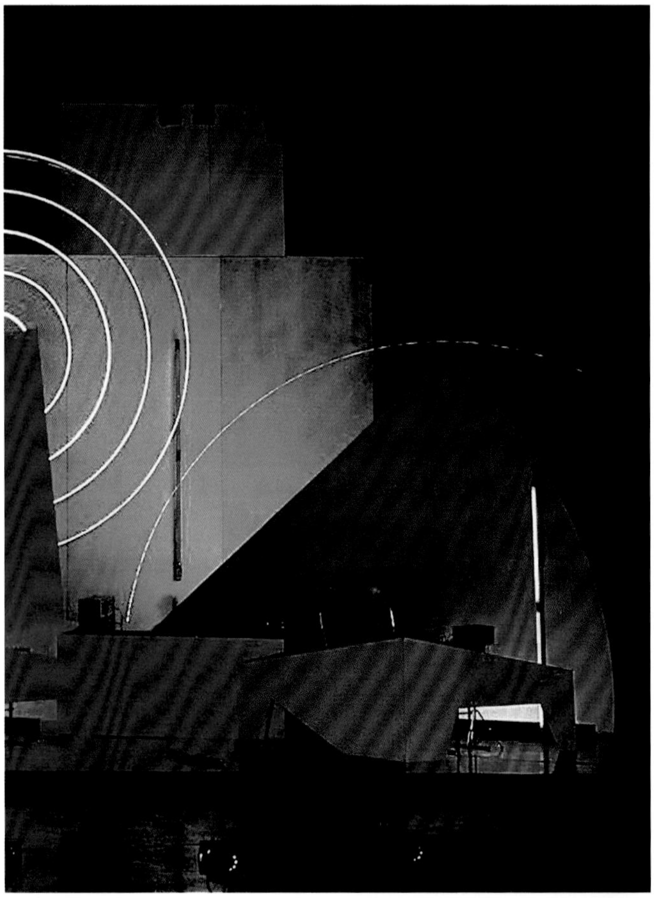

3.无彩色系

是指黑色、白色、灰色。而不同的灰色又是由不同量的黑色和不同量的白色相混合而产生的，因此，灰色可产生不同深浅的灰度。无彩色系按照由白到黑可排列为一个具有明显变化规律的系列，即黑白系列，一端为白，另一端为黑，中间过渡为浅灰、中灰、深灰。在色彩学原理中，无彩色系只具有一个明显的特征：明度，它不具备色相和纯度的性质。因此，越接近白色明度越高，反之，越接近黑色明度越低。

4.展示设计中如何运用无彩色系

无彩色黑、白、灰在展示色彩使用上起着烘托和陪衬的作用，丰富的可调性变化使之能够调和展示的色彩。

例如黑色表面能吸收所有光线而不产生反射现象，与其他色相并置时能使这个颜色更为鲜艳。作为附属色，黑色能够提高展示环境内其他颜色的彩度。与之相反的是白色表面具有全反射光线的功能，任何色彩在白色背景上都会降低其彩度，因而是一个能冲淡对吸收展厅内色感过分强烈的优越附属色。此外，白色能反射和转移同一空间邻近色彩的色相位置，产生微妙的环境色效果。

灰色的功能介于黑白之间，具有综合的特性，用以衬托色相强烈的色彩，冲淡、中和、协调各色相之间的关系，一般由黑白两色混调而产生。但也可以由色相上两个互补色彩混调而出，可在两互补色相互混调时采用不等量配色，使之变成一个有色彩倾向性的灰色。这种带色彩的灰色较有生气和装饰性，通常在展示色彩计划中颇为实用。

主调一经确定为无彩系，设计师就绝对不应再迷恋于市场上五彩缤纷的各种道具，而是要大胆地将黑、白、灰这种色彩用到平常不常用该色调的物件上去。这就要求设计者敢于摆脱世俗的偏见和陈规，所谓“创造”也就体现在这里。

08 展示色彩的整体策划

展示色彩整体设计是一个设计系统，必须综合考虑为什么设计？为谁设计？设计需要什么？或能创造什么市场价值等等。

1.商业专业展示

在商业展示里的色彩设计，就常常需要考虑通过展示对象本身的一些固有色调特征来对目标受众进行提示和产生联想。同时也是展示对象进行新的概念和新的信息发布的一种手段。因此，设计师还必须要通过了解、分析展示对象的主要市场定位，了解不断更新、发展的色彩定位来适应展示对象而引导市场的要求。

在商业专业展示色彩设计中，我们尽量利用展示对象原有的基本色调，这样既能保持各展馆、展带之间的协调性，又能体现展示内容在视觉上的连续性，帮助受众保持从平面到立体对展示对象的最佳认知。

一般在商业专业展示里，如果展示空间的原色调与展览基础不相协调，可采用更换地面、搭设空间架构、设置灯光等手段加以改善和弥补。

大型的展示活动有时要涉及到几个展馆，每个展馆又分为几个展区，设计师要根据展览的性质、展示的地域环境、展示的内容、季节等，先给整个展示色彩确定基调，再依据总基调对各个展馆、展区、展位进行个体色彩设计，使整个展示效果既有了统一性、连续性，又有了个性。

2.陈列空间展示

（1）展示空间里主色调作为大面积的色彩，是对其他室内物件起衬托作用的背景色；

（2）在背景色的衬托下，以在室内占有统治地位的展示道具和展品色调为主体色；

（3）用灯光在展示空间里装饰和点缀的面积虽小，却能非常突出重点的强调色；

（4）这里应注意的是如果展示道具和展品离周围墙面较远，如大厅中岛式布置方式，那么展示道具和地面可看作是相互衬托的层次。这两个层次可用对比方法来加强区别变化，也可用统一办法来削弱变化或各自结为一体。在做大部位色彩协调时，有时可以仅突出一两件陈设，即用统一顶棚、地面、墙面、道具来突出陈设。

3. 室外空间展示

展示色彩整体策划要求把实用价值与审美价值紧密地结合在一起，要求科学与美学的统一，技术与艺术的统一。色彩设计应突出人与展示对象之间的关系，最终是谋求人与自然环境、社会环境以及视觉体现之间的和谐。

EVEREST
IMAX
DOME
THEATER
McWANE CENTER
ADVENTURES IN SCIENCE

真野人形

09 展示色彩的设计范围

展示色彩的设计范围包括室内外展示空间、展示环境、展示内容、展示道具几个方面，如墙面、地面、天棚，它占有极大面积并起到衬托室内一切物件的作用。

一　室内展示色彩设计范围

1.室内展示空间

墙面

背景色是室内色彩设计中首要考虑和选择的问题。不同色彩在不同的空间背景上所处的位置，对房间的性质，对心理知觉和感情反应可以造成很大的不同。

天花板

由于展示空间内各展示道具使用的材料不同，即使色彩一致，由于材料质地的区别还是显得十分丰富的，这使得在天花板的色彩构图中无论色彩简化到何种程度也决不会单调。由于天花板在展示空间中是唯一统一视角的展示范围，可以作为大面积的色彩，对其他室内物件起背景色的衬托作用。

地面

展示空间中通常以地面色彩作为重复或呼应。即将同一色彩用到展示空间关键性的几个部位上去，从而使其成为控制整个展示空间总色调的关键色。例如用相同色彩于地毯，或是同样色光的玻璃地台来使展示空间其他色彩居于次要的、不明显的地位。同时，也能使展示空间中的色彩之间相互联系，形成一个多样统一的整体，色彩上取得彼此呼应的关系，从而取得视觉上的联系和引导视觉的运动。又例如白色的地面衬托出红色的展柜，而红色的展柜又衬托出白色的展品。这种在色彩上图底的互换性，既是简化色彩的手段，也是活跃空间色彩关系的一种方法、它是具有色彩丰富性和变化性的有利因素。因此，布置成有节奏的、色彩有规律的，容易引起视觉上的运动韵律。

公共设施

作为必须的陈设品，公共设施可以采取选用材料的限定来获得与展示空间总色调色相上的统一，例如可以用大面积木质地面、墙面、家具等，也可以用色、质一致的蒙面织物来用于墙面、窗帘、家具等方面。某些设备，如花卉盛器，还可以采用套装的办法，来获得材料与展示空间总色调色相上的统一。

MINI COOPER

ATLUS

Halls 5A-5B
Hall 6
EXPOFIL
indigo
HALL 5B
SHUTTLE
PREMIEREVISION
HALL 6
Taxi

highly organized
organize

2.室内展示内容

图片、文字展示

对象本身的标志、标准字体、标准色等一系列体现展示对象形象的有关因素，要融入整个展示色彩的设计中，使这些标识既要与总色调相协调，又要突出、醒目，以便于展示对象形象的识别。

3.室内展示道具

室内展示道具是展示色彩的主要体现者，把握了道具的色调，可以说是把握住了整个展示色彩的主调。标准式展具多为亚光黑和银灰等简单的色彩，它们入调的适应性强。自行设计的展具、色彩设计可根据整个展示的色彩基调确定，但要尽量单纯，避免炫光。

因为白色适合与任何颜色搭配，所以各类展板的底色通常为白色，然后根据展板内容做一些色彩处理，如在白色展板上布置上内容后，局部施以色块、色条、色段加以协调、联系，使之形成明显的色彩体系。展板版面的色彩取决于版面所展示的内容，展示内容越多色彩越复杂，色调越难把握。

展台、护栏等道具的设计，要在围绕整个展示色彩总基调设计的同时，考虑到展示对象的色彩，以优化、突出展示对象的视觉效果为目的。

二　室外展示色彩设计范围

1.室外展示环境

2.室外展示内容

灯箱，花槽、方向标等。

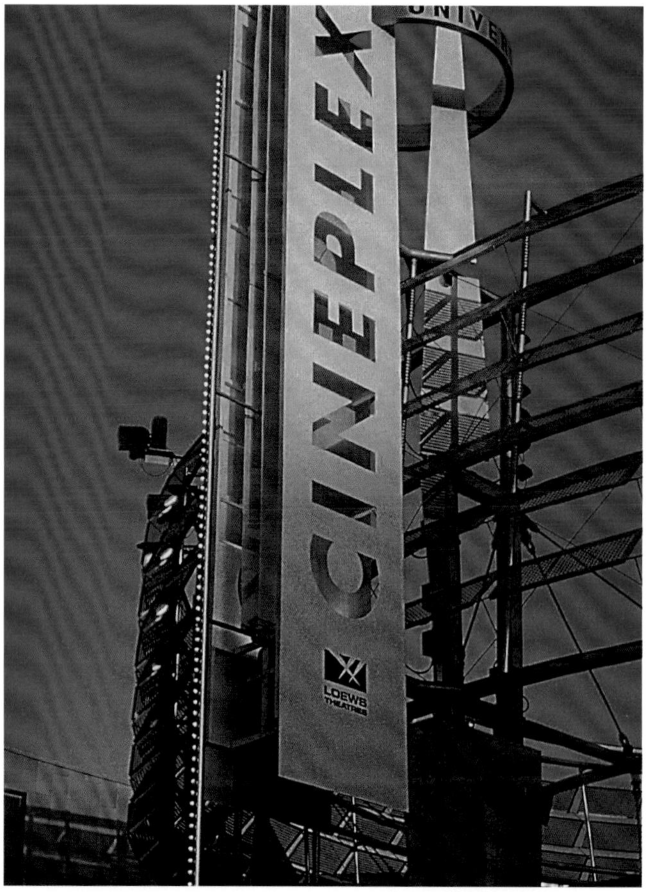

3.室外展示道具

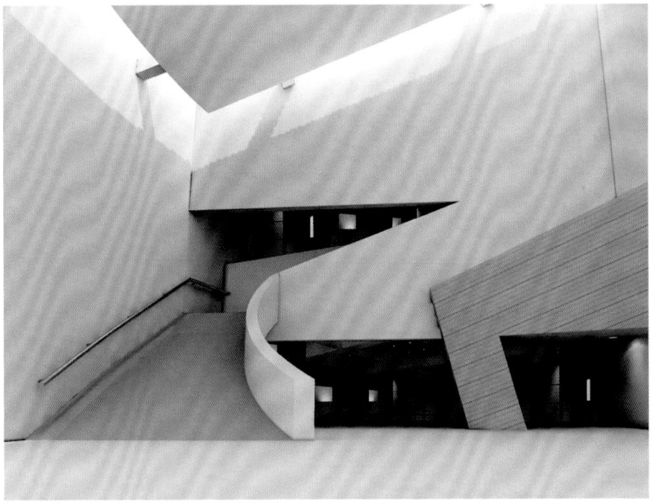

三　展示的光源色彩设计范围

展示空间的基调和气氛是什么？对于用灯光表达出一种基调，对于整个图像的外观是至关重要的。在一些情况下，展示空间需要实现的唯一的目标是清晰地看到一个或几个物体，但通常并非如此，实际目标是相当复杂的。我们用灯光有助于表达一种情感，或引导观众的眼睛到特定的位置。可以为展示空间提供更大的深度，展现丰富的层次。

展示色彩设计中的光源色彩在空间构图中可以发挥特别的作用。可利用光源色彩以使人对展示对象引起注意，或使其重要性降低。也可以利用光源色彩使展示目的物变得最大或最小。同时我们也经常利用光源色彩强化展示空间形式，或破坏其形式。

展示色彩设计中的光源是在场景中实际出现的照明来源。展示色彩的光源设计也要根据颜色对人心理的影响，将颜色分为暖、冷两类色调。展示色彩的光源通常分为三种类型：自然光、人工光以及二者的结合。目前，光照方式一般包括：天然光、人工外打光、人工内打光、自发光和反射光等形式。

1.天然光

天然泛射光

天然泛射光的光源选择上，具有代表性的自然光是太阳光。当使用自然光时，有几个问题需要考虑：现在是一天中的什么时间；天是晴空万里还是阴云密布；还有，在环境中有多少光反射到四周……然后我们一般选择可以通过反射的光源来修饰空间。光源在反射面上形成的色彩可以强化室内空间形式，也可破坏其形式。它可以不依天花板、墙面、地面的界面区分和限定，自由地、任意地突出其抽象的彩色构图，模糊或破坏了空间原有的构图形式。

2.人工光

人工光几乎可以是任何形式。电灯或自然光与电灯二者一起照亮的任何类型的环境都可以认为是人工的。人工光是三种类型的光源中最普通的。你还需要考虑光线来自哪里，光线的质量如何。如果有几个光源，要弄清楚哪一个是主光源，确定是否使用彩色光源也是重要的。几乎所有的光源都有一个彩色的色彩，而不是纯白色。

人工泛射光

在展示色彩设计中，为了符合展示对象的实际需要，我们需要通过光构成来形成功能空间划分和主次空间划分，人工泛射光可以用色彩和照度来实现这一功能。使用人工泛射光时要明确以什么为背景、主体和重点，通过这些要求来确定光源用色，这是人工泛射光在展示色彩设计首先应考虑的问题。

在一个展示空间里，不同色彩物体之间的相互关系会形成多层次的背景关系，如展柜可以展示面板为背景，展柜里的展品又以展柜为背景，这样，对展品来说，展示面板是大背景，展柜是小背景或称第二背景。另外，在展示色彩设计中，如墙面、地面，也不一定只是一种色彩，可能会交叉使用多种色彩，通过人工泛射光的色彩的统一与变化，使这些多种色彩能有一个适宜总色调的相互转化条件。人工泛射光所采取的一切方法，均为达到此目的而作出选择应用。

背景光

在展示色彩总基调设计里，背景光通常作为“边缘光”，通过照亮对象的边缘将目标对象从背景中分开。它经常放置在四分之三关键光的正对面，它对物体的边缘起作用，引起很小的反射高光区。经常用在强调展示对象的位置和轮廓特征上。背景光的用色通常需要保持色相和照度上的整体一致。

关键光

在灯光规划上，我们首先根据展示区间的面积计算所要求的照度水平；其次，根据照度水平，结合展示区间的被照表面的光亮度及色彩色调的要求，合理安排灯具的种类和数量。与此同时，根据规划中的照度和光亮度要求，结合实地情况，调整灯具的投射角度、范围。在所有工作完成后，实地查看该展示区间的整体光照效果。在调测过程中，注重周边环境光源的干扰和展示区间对彩度和亮度的要求，为主要展示内容适当增减和调配灯具。

关键光常用灯具——聚光灯，是指灯前面使用平凸聚光镜而言的，这种灯具可以调节光的大小，射出来的光束比较集中，旁边漫射的光线比较小，焦距有长、中、短之分，视射距的远近按需要来加以选用。通常情况我们会用聚光灯、射灯之类来安排关键光的形成。

补充光

补充光用来填充场景的黑暗和阴影区域。关键光在场景中是最引人注意的光源，但补充光的光线可以提供景深和逼真的感觉。在已有了泛射光的情况下，我们还可以让补充光来照亮太暗的区域，以提升该区域色彩明度或者强调场景的一些部位。它们可以放置在关键光相对的位置，用以柔化阴影。

补充光常用灯具——罗纹灯，或称柔光灯，区别于平凸聚光灯，其光线散而柔和，因此用起来漫射区域大，有时为了控制其漫射光线，可在镜前加上扉页来遮挡。其特点就是光区面积大，不似聚光灯有明显光斑的感觉，射距较近。通常情况我们会用罗纹灯之类来安排补充光的形成。

3.人工内打光

在展示色彩设计中需要内打光形式的多表现为灯箱，并且一般不会出现在大型的广告牌上，因此，在光源的选择上比较单一点。在我们的操作中，内打光光源一般选择荧光灯管。在对该类型光源的色彩处理上比较简单，只需根据材质透光性能，在灯具的安装密度上进行合理的调整。

4.自发光

在展示色彩设计中，自发光光源的表现形式最常见的就是霓虹灯了。提及霓虹灯，由于需要我们专业加工，在光源效果处理上，特别强调的是霓虹灯的材料选择问题。一般来讲，根据设计图样的要求，合理搭配不同材料的灯管。像红丹料的灯管要比石灰料的灯管亮，这样，具体施工人员就要根据色彩设计的主次关系，搭配两种不同的灯管。当然，除霓虹灯外，还有其他自发光的光源，如：发光光纤、发光二极管、发光树脂等等。不过，它们的光亮度较低，一般只能做辅助光源。选择自发光的原则，一定要在没有背景光源干扰且背景色较暗的地方使用。

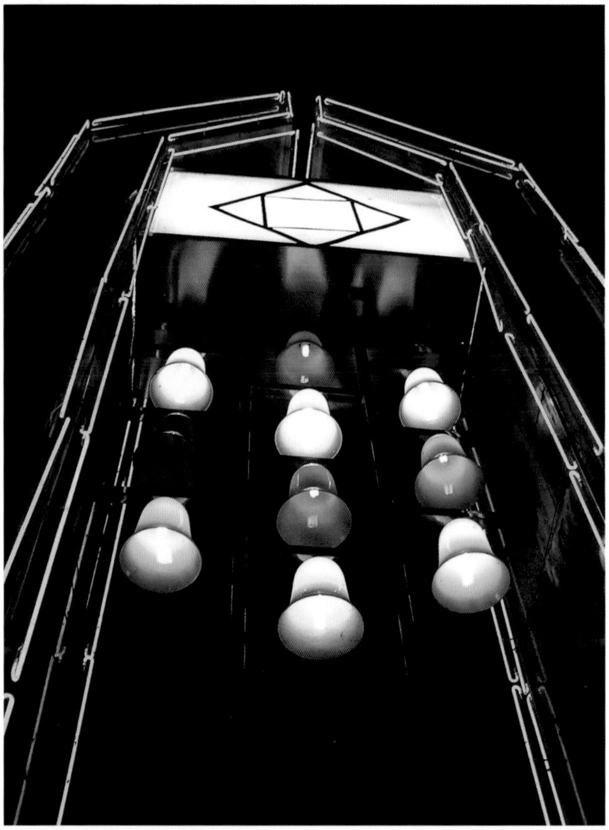

5.反射光

展示色彩可以通过反射来修饰。由于展示的品种、材料、质地、形式和彼此在空间内层次的多样性和复杂性，比如许多经过加工的材料本身具有很好的光泽，如抛光金属、玻璃、磨光花岗石、大理石、搪瓷、釉面砖、瓷砖，通过镜面般光滑表面的反射，能使室内空间感扩大。但室内色彩的统一性，显然居于首位。展示空间中的反射光与真正的灯光不同，它需要在光源的色彩、照度和密度上，还有反光材料的光洁度及透明度上多花工夫，光源灯光色彩与照度设置越复杂，反射光所体现的光效也就越复杂，灯光管理也会变得越难。在设计的时候要考虑每一种灯光对要表现的展示对象的外观是否十分必要。当增加相同照度和密度的光源时，自然会减少反射点。在一些空间，比如休闲娱乐空间里，可能会有增加反射光的光源不会对场景展示空间的外观有所改善，并且将变得很难区分所增加光源的价值。这时可以尝试独立察看每一个反射光的光源，来衡量它对展示空间的相对价值。如果对它的作用有所怀疑，就放弃它。

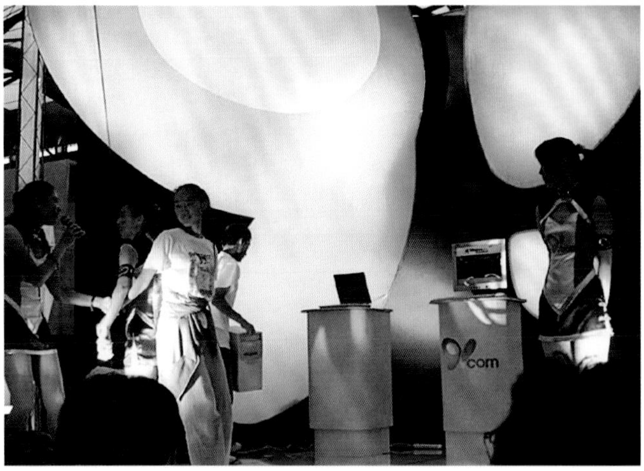

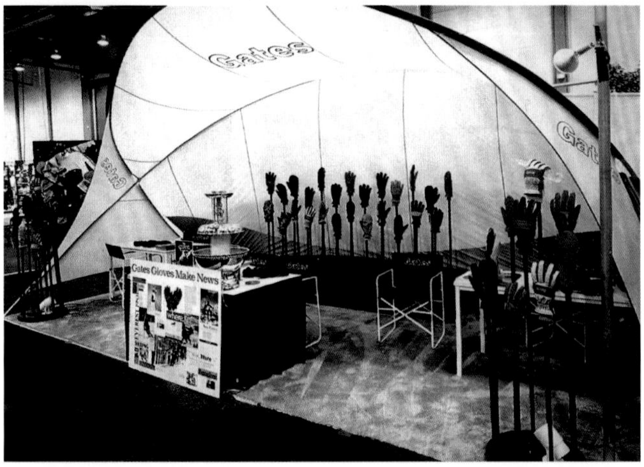
Gates
Gates Gloves Make News

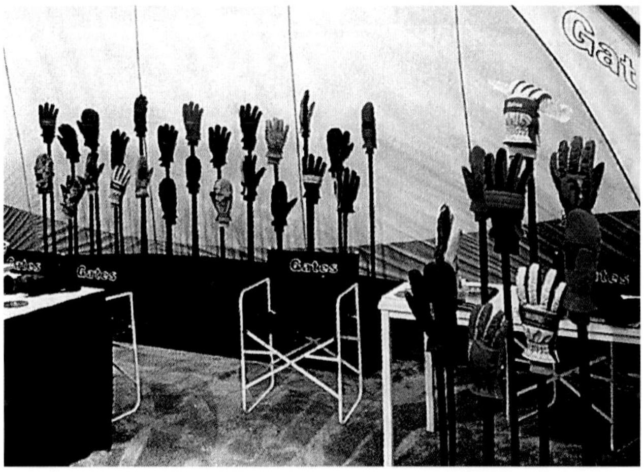
Gates

GLOBAL STREAMS 中国独家总代理
BVT
格非视频

日本京瓷株式会社
KYOCERA
日本京瓷株式会社

盗帅楚留香

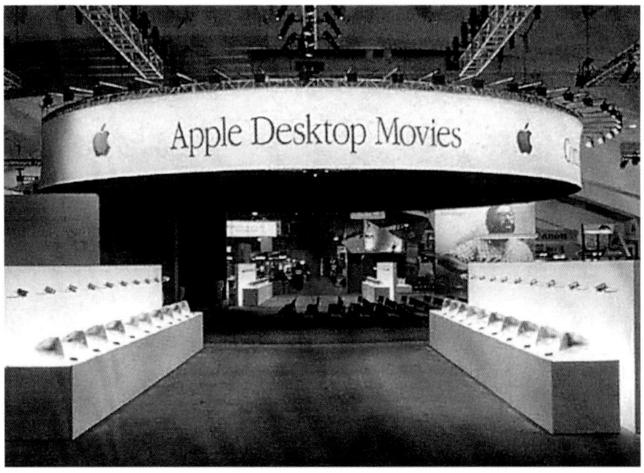
Apple Desktop Movies

10 展示色彩应遵循的原则

展示色彩设计应遵循如下原则：

1.把握展示对象已有的色彩标准统一性原则：展示设计中整个色彩关系要与标准符合一致，形成色彩的基调。

2.强调展示对象的特色与受众潜在需求和谐一致的原则：用色优雅，正确处理色相、彩度和明度三者之间的关系。

3.突出展示对象的本身色彩元素，加强无彩色系，善用黑、白、灰。

4.艺术地运筹与调度固有色，全面考虑展品色、建筑内壁色、展具色、地毯色、版面色及装饰织物色的综合关系。

11 展示色彩和谐的要点

展示色彩设计的和谐的根本问题是配色问题，这是展示色彩效果优劣的关键，孤立的颜色无所谓美或不美。就这个意义上说，任何颜色都没有高低贵贱之分，只有不恰当的配色，而没有不可用之颜色。展示色彩和谐，关键在于把握色彩关系，其要点如下：

1. 首先确定展示目的的色彩主调，以便于色彩气氛的把握。

2. 将决定主调的色相定为基本色，要大面积地使用基本色，而后再根据展示的主次来定其他部分的颜色。色彩效果取决于不同颜色之间的相互关系，同一颜色在不同的背景条件下，其色彩效果可以迥然不同，这是色彩所特有的敏感性和依存性所决定的，因此如何处理好色彩之间的协调关系，就成为色彩主调配色的关键问题。

3. 如果是场馆或商业环境里的展示色彩的主色最好不超过三种。

4. 在进行非艺术性的展示色彩设计的时候，尽量避免大面积运用高彩度的颜色，以免令接触展示的观众产生排斥感。

5. 如前所述，色彩与人的心理、生理有密切的关系。如果我们在中间灰色背景上去观察一个中灰色的色块，那么就不会出现和中灰色不同的视觉现象。因此，中间灰色就同人们视觉所要求的平衡状况相适应，这就是考虑色彩平衡与协调时的客观依据。

解决色彩之间的相互关系，是色彩构图的中心。展示空间里的色彩可以统一划分成许多层次，色彩关系随着层次的增加而复杂，随着层次的减少而简化，不同层次之间的关系可以分别考虑为背景色和重点色。背景色常作为大面积的色彩宜用灰调，重点色常作为小面积的色彩，在彩度、明度上比背景色要高。在色调统一的基础上可以采取加强色彩力量的办法，即重复、韵律和对比，强调室内某一部分的色彩效果。室内的趣味中心或视觉焦点重点，同样可以通过色彩的对比等方法来加强它的效果。通过色彩的重复、呼应、联系，可以加强色彩的韵律感和丰富感，使室内色彩达到多样统一，统一中有变化，不单调、不杂乱，色彩之间有主有从有中心，形成一个完整和谐的整体。

FUTURE PARK
TOTAL GAME CENTER
FUTURE

12 展示色彩的用色规律

1.展示面积用色

除色相、明度、纯度外，色彩面积大小是直接影响展示色调的重要因素。展示色彩搭配首先考虑大面积色的安排，大面积色彩在展示陈列中具有远距离的视觉效果。另外，在两色对比过强时，可以不改变色相、纯度、明度，而扩大或缩小其中某一色的面积来进行调和。

2.展示可视度的用色

可视度体现配色层次的清晰程度。良好的可视度在展示传达中非常重要。可视度需要明确色彩本身的纯度和明度的程度，另一方面也要看色彩之间的对比程度。

3.展示提示及强调用色

提示及强调色是展示总色调中重点用色，是面积用色和可视度结合考虑的用色。一般要求在纯度和明度上高于辅助的配色，但在面积上则要小于辅助的配色，不然可能起不到展示提示及强调的作用。

4.展示间隔用色

间隔色运用是指在相邻而呈强烈对比的不同色彩的中间用另一种色彩加以间隔或作共用，可以加强协调和自然过渡，减弱色调对比。间隔色自身以偏中性的无彩色黑、白、灰、金、银色为主。如采用有彩色间隔时，要求间隔色与被分离的颜色在色相、明度、纯度上相应有较大差别。

5.展示渐层用色

渐层是需要渐变过渡时的用色，色相、明度、纯度都可作为渐层变化。渐层色具有和谐而丰富的色彩效果，在展示的色彩处理中较多运用。

6.展示对比用色

对比色不同于提示及强调色，这是面积相近而色相明度加以对比的用色，这种用色具有强烈的视觉效果，用于强烈对比。色彩由于相互对比而得到加强，一旦在展示空间里存在对比色，也就使其他色彩退居次要地位，视觉很快集中于对比色。通过对比，各自的色彩更加鲜明，从而加强了色彩的表现力。提到色彩对比，不单只有红与绿、黄与紫等，色相上的对比，实际上采用明度的对比、彩度的对比、清色与浊色对比、彩色与非彩色对比，都可以获得色彩构图的最佳效果。不论采取何种加强色彩的力量和方法，其目的都是为了达到展示空间色调的统一和协调，加强色彩的孤度，从而使展示具有很好的识别记忆性。

7.展示象征用色

用于直接体现展示对象的色彩属性特征，而且根据广大受众在对展示对象的共同认识，加以象征应用的一种观念性的用色。主要用于展示对象某种精神属性的表现或一定品牌识别积累的表现。属于展示色彩的心理反应。

8.展示标识用色

展示标识色不是“商标”的色彩，而是用色彩区别不同展示类别或展示同类别但不同内容的用色。在处理上，面积、形状、位置应根据展示重点来加以变化。

9.展示辅助用色

这是与提示及强调相反的用色，是对总色调或提示及强调起调剂作用的辅助性用色方法，在总色调里用冷暖过渡以加强色调层次，取得丰富的色彩效果。在设计处理中，要注意不能喧宾夺主，不能盲目滥用。

13 实现展示色彩设计效果的方式

1.色彩协调的方式

利用近似色达到协调的效果。色彩协调的基本概念是由白光光谱的颜色，按其波长从紫到红排列的，这些纯色彼此协调，在纯色中加进等量的黑或白所区分出的颜色也是协调的，但不等量时就不协调。例如米色和绿色、红色与棕色不协调，海绿和黄接近纯色是协调的。和谐就是秩序，一切理想的配色方案，所有相邻光色的间隔是一致的。

2.色彩互补的方式

利用对比色。如红绿、蓝橙、黄紫等，强调强烈的视觉效果。于相对地位并形成一对补色的那些色相是协调的，将色环三等份，造成一种特别和谐的组合。色彩的近似协调和对比协调在室内色彩设计中都是需要的，近似协调固然能给人以统一和谐的平静感觉，但对比协调在色彩之间的对立、冲突中所构成的和谐与关系却更能动人心魄，关键在于正确处理和运用色彩的统一与变化规律。

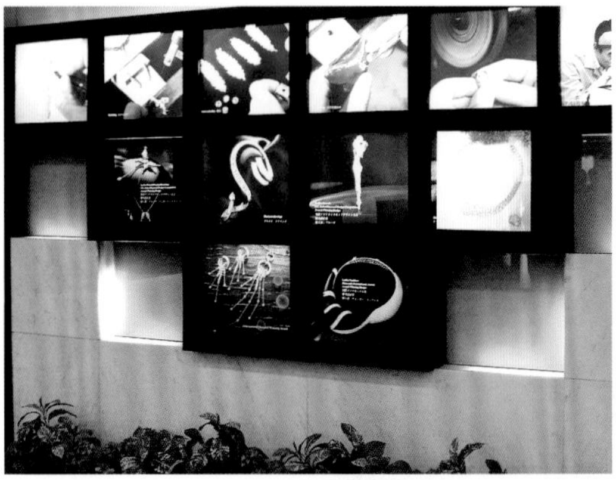

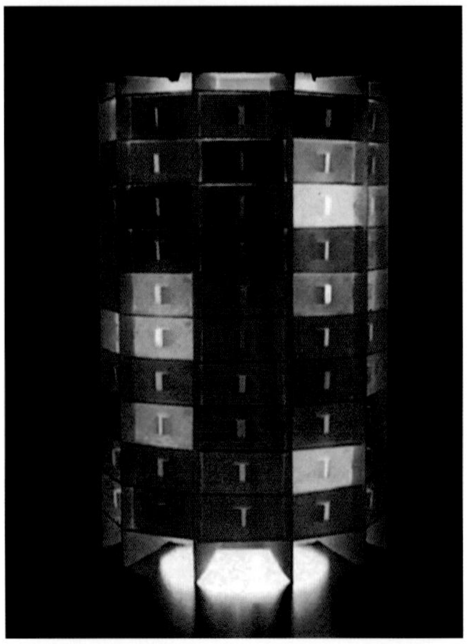

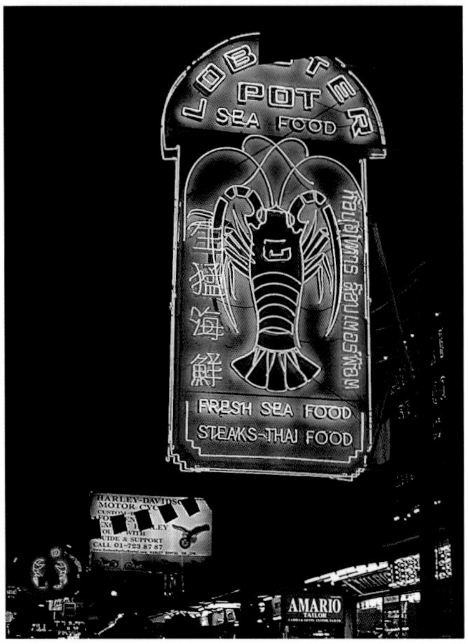

3.色彩反协调的方式：利用色环上原色两边色彩的不协调性营造原始和拙朴的气氛，但在实践中需谨慎使用。

14 展示色彩设计的时效要求及运用范围

展示设计是一种富有表现力和感染力的时空艺术。为了取得良好的效果，展示活动需要在最适合的时间里安排进行，也就是明确展示设计的时效范围。通常分为永久、长期、定期和临时等几类。

一　永久

博物馆类

博物馆陈列设计：一个大型的综合性博物馆往往在一定程度上反映了一个城市，乃至一个国家的文明水准。这类工程是可以长期置放的，在设计要求上需有逻辑性和连续性。展示设计要考虑到交通流线、照明采光、展品安全、观赏效果、观众休息等各方面的因素。同时，也对展示的艺术效果提出更高的要求。

1.综合类博物馆

人文景观，居住环境。

2.社会历史类博物馆

历史文献和文物实物等。

3.文化艺术类博物馆

中国绘画、雕塑、民间工艺。

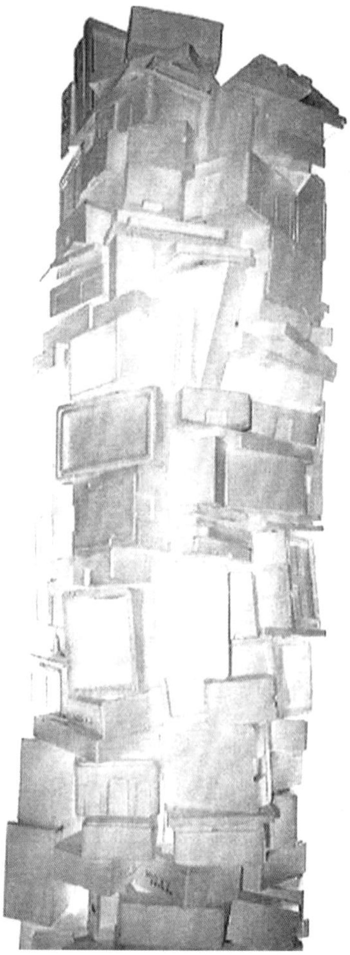

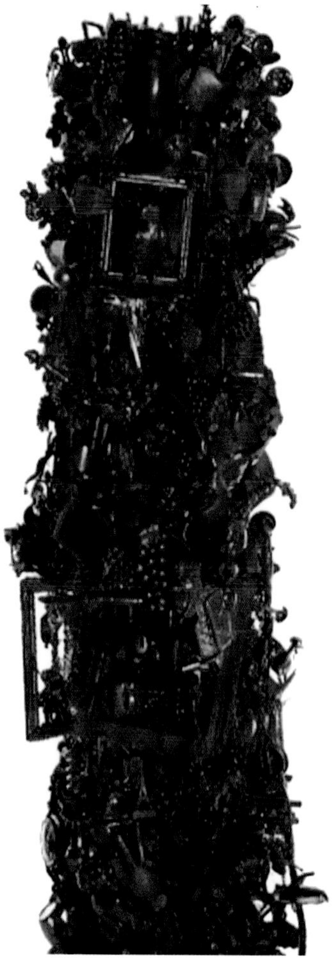

4.自然科学类博物馆

海洋、陆地动植物标本，天文资料，地理构造资料等。

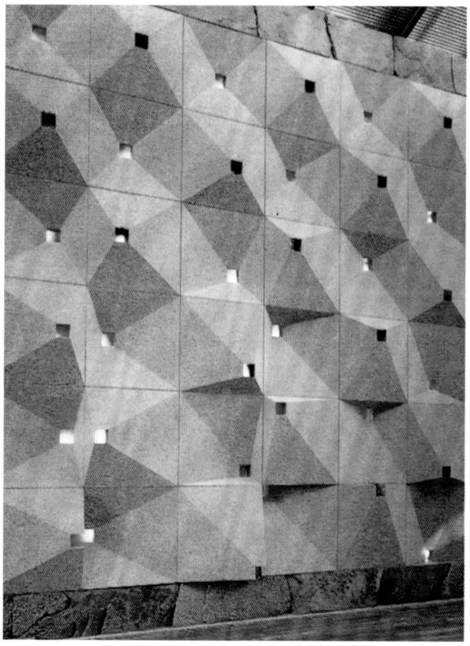

5.专题陈列类博物馆

6.其他

这里是艺术的天地，干净的墙面与灯光正是为了强调这一点。

二　长期

陈列类

1.综合类陈列室

陈列、展示某一行业中不同类型的产品。

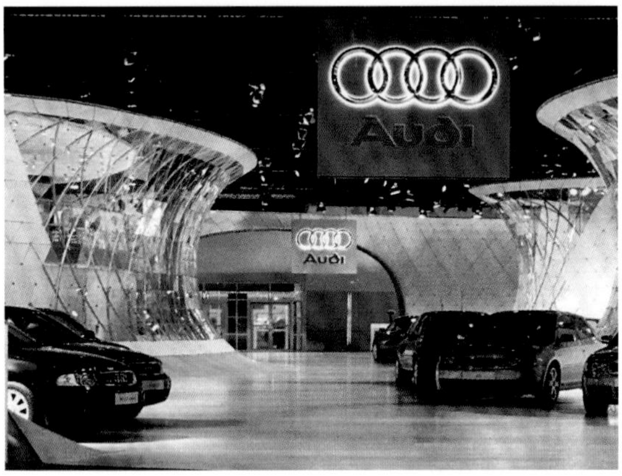

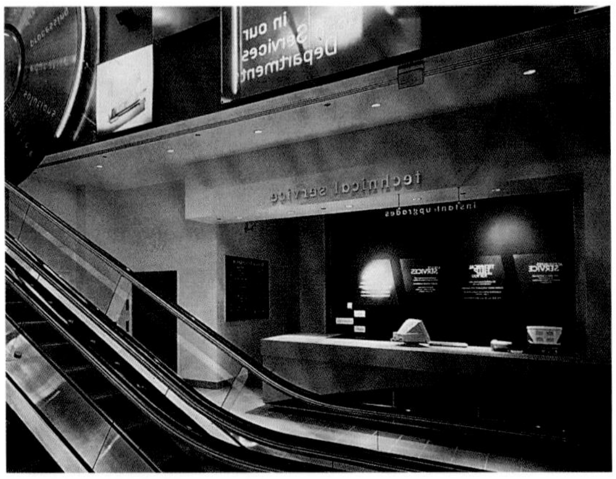

2.专业类陈列室

只陈列展示本企业各种产品。

3.商场展销类

4.综合类商场

同时陈列、销售多种商品，色彩表现丰富，明显区分差别。

5.专营类商场

陈列、销售同一类商品，用色讲究明度对比。

6.连锁店

环境设计基本一致，销售内容统一，展示标识用色是基本的用色手段。

7.专卖店

专门销售某一企业产品，统一店面装饰，用色强调结合象征用色，在展示空间里明显表现。

8.专业展示

主要是针对某种专业产品的展示。

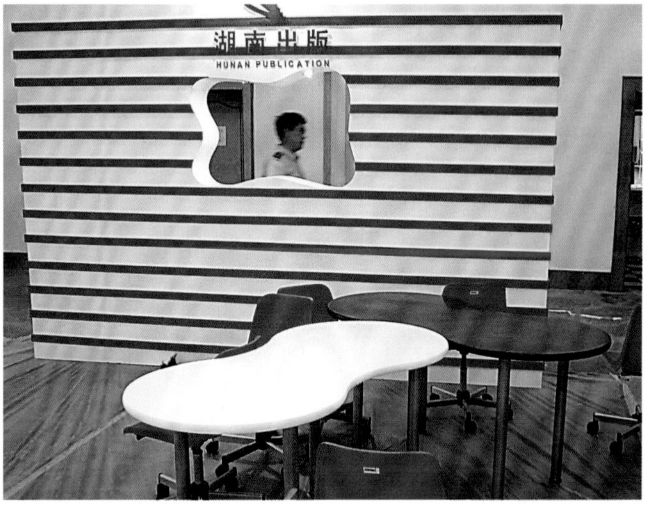

湖南出版
HUNAN PUBLICATION
湖南出版
HUNAN PUBLICATION

中国人民大学出版社
中国人民大学出版社
育人文社科

河北教育出版社
河北教育出版社

三　定期

展览馆类

1.综合类展览馆可供不同内容分期展出。

2.专业类展览馆

展示内容局限于某一范围。

Discovery
发现之旅

高等教育出版社

YOKOHAMA

高等教育出版社

CHINA WOMEN PUBLISHING HOUSE
永恒之女性
中国妇女出版社要成为广大妇女提高自身素质的良师益友、传播社会主义思想文化的坚强阵地、党联系、教育和引导各族妇女群众的重要渠道。

建设文化

YOKOHAMA
横滨轮胎
YOKOHAMA
INFORMATION

HUDSON
桃鉄完全新作!!
桃太郎電鉄
USA

KONAMI
ENTHUSIA
PROFESSIONAL RACING
5

the 第九城市

Sammy
SQUARE ENIX
FINAL FANTASY VII

United States Steel

NERC

SONY
Connect the Future
连接未来
HDCAM

Asbestzement weltweit
Asbestzement-weltweit
Sport-und Freizeitbauten

CARE FREE
GARDEN PRODUCTS

3. 国际博览会

同时展出众多国家或地区的各类展出物。商业经济离不开博览会和展销会，这类设计要求的是一种强烈的形式感，创造热烈的气氛，追求强烈的视觉印象。在设计上除了考虑展品的展示外，还必须考虑在空间的设计上保证具有一定的洽谈和销售空间。

厨窗设计

这是商业广告的窗口，也是一个城市中最重要的都市景观之一。在市场经济高度繁荣的城市，橱窗也是商业竞争的阵地，它没有固定的模式和规格，多取决于商店建筑的格局和布置。橱窗通常有封闭式、开敞式和半开敞式等形式。橱窗的设计除了充分展示商品的功能外，还要充分考虑到多维空间、立面构图色彩调配等诸方面的因素。

专题类

具有时间规律、性质目的相同、内容不同的活动。

四 临时

1.礼仪类

临时性庆典、纪念活动等。

2.娱乐类

供娱乐、聚会等活动的现场。

3.其他

可供不同内容，同时或分期展出。

集会活动环境设计：要求设计一个符合其内容气氛的环境，展示设计的目的就是创造这样一种气氛，如大型活动的整体环境、具体细节，大至平面布局，小至会徽标志、彩灯旗帜、绿化花卉等，都是展示设计的任务。一些现代化的大型节庆活动，则更是结合了现代科技等多个领域的综合性设计：激光广告、烟雾焰火、电子科技等，如一些大型运动会的开幕式、闭幕式，游园活动，灯会等就不是单纯的展示设计所能概括的。

结　论

设计师在设计一个展示空间的展示色彩时应该具备什么样的能力呢？

首先，要熟悉展示色彩与人的心理和生理关系，有归纳、运用各类色彩的技术和技巧。这里的技术和技巧是指设计师将自己的构思形象地表达出来的技巧，将色彩在立体空间的作用抽象化的技巧。

其次，要对色彩感情有非凡的想像力，可以辅助提升展示的目的和影响力，创造更完美的展示效果。

最后，要对色彩有很强的应用能力，在组织实施的过程中能够舒畅地完成展示空间的各种运用。

展示设计色彩运用的目的是充分满足参观者的感受，最大限度地扩大展示设计的影响力和知名度。设计师进行展示色彩设计必须考虑展示的各种要求变化，并时刻牢记：参观者能收获什么是设计师的永远课题。

展示图欣赏

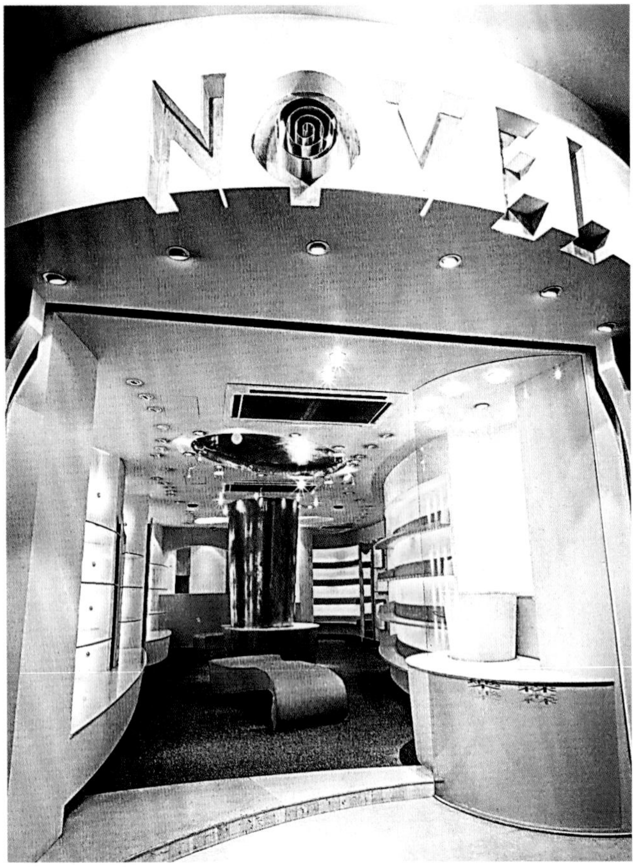

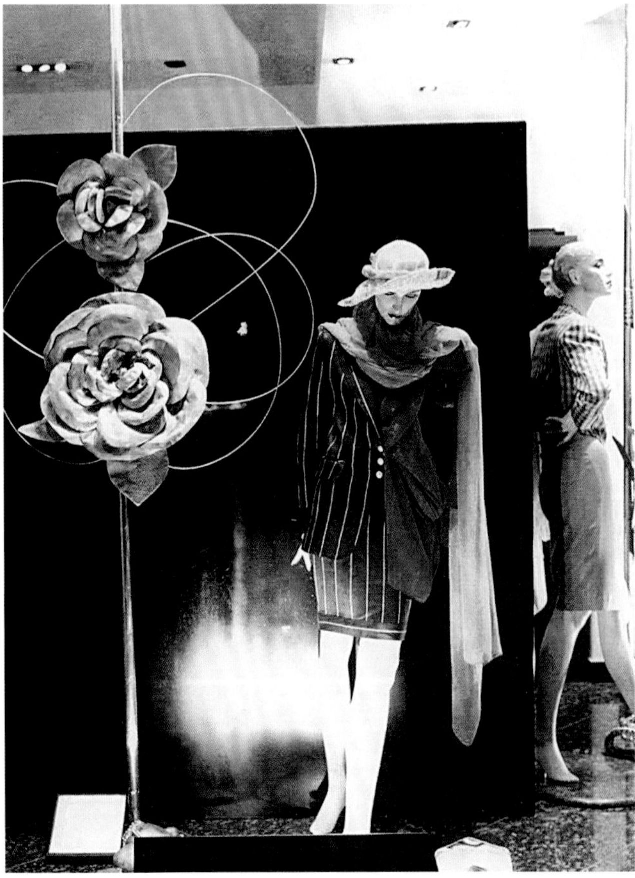

素雅的色调与服装品位配合得天衣无缝。

大金棒

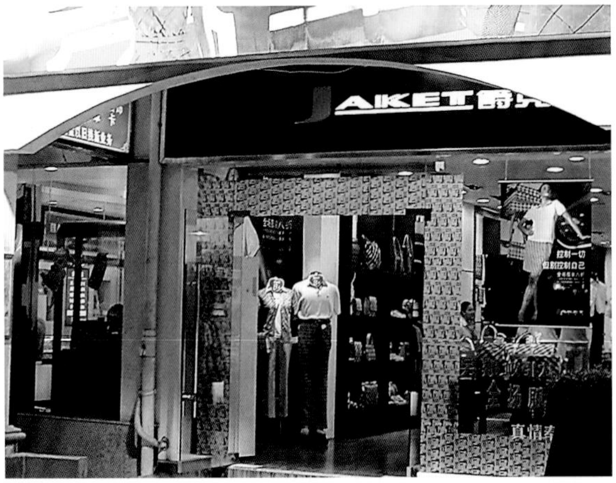

白色的展板与冷色的灯光营造出一个充满理性、严谨的电子科技世界。

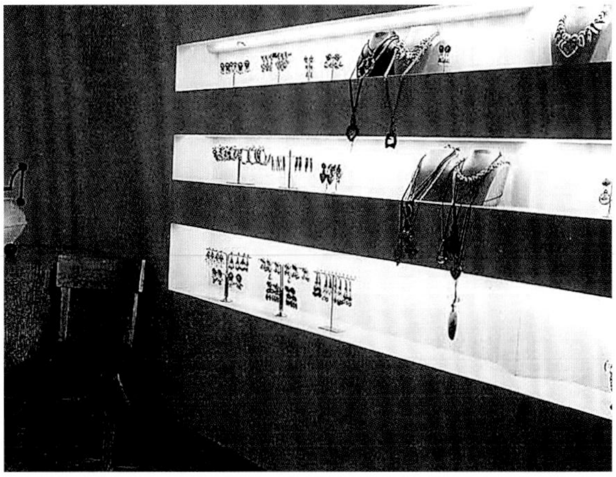

空间的暗调色彩与灰调的屏幕形成强烈对比，让人感觉身临其境。

蓝色的主调空间用红色来调配是非常合理的。

黄色灯光的色彩起到了画龙点睛的作用。

红蓝对比色的运用营造了一个神秘的空间。

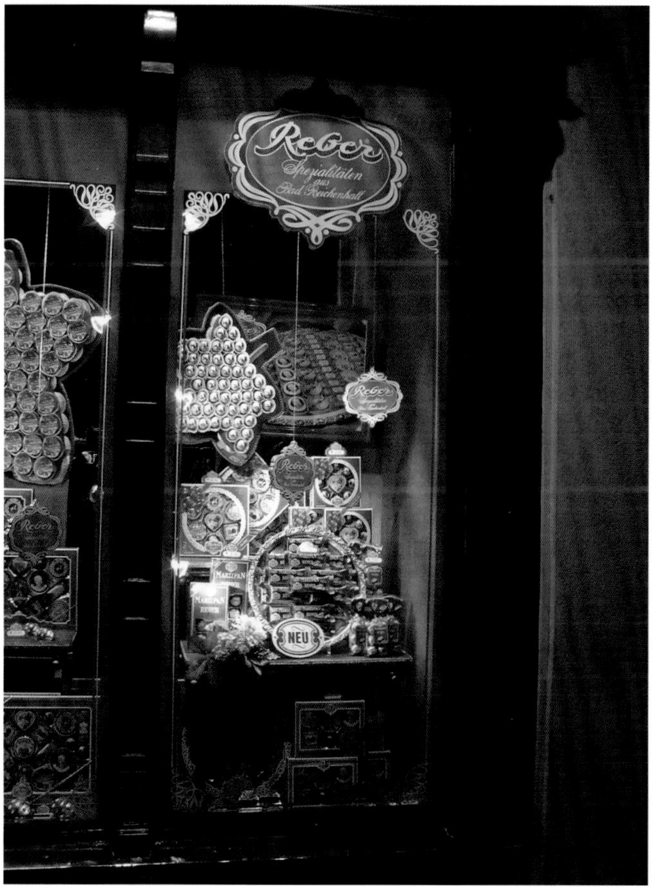

极具现代主义风格的展架是技术的也是艺术的。

五花八门的玩具如果用花哨的展示台来陈列，展台便会喧宾夺主。

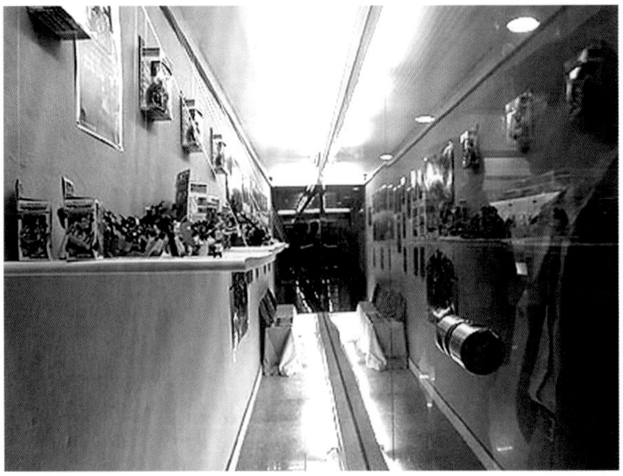

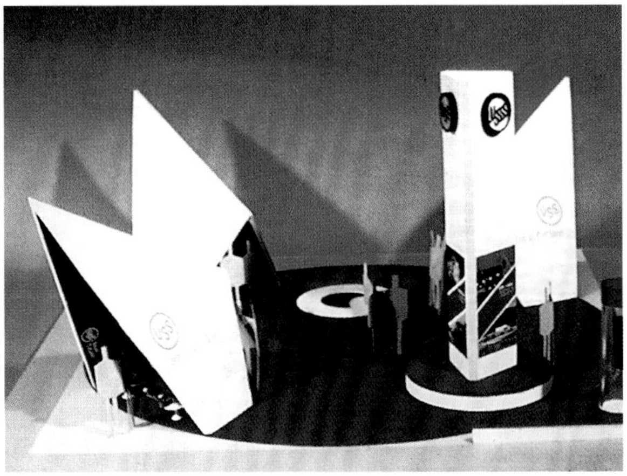

明亮的标志色彩搭配深蓝的背景，突出了该品牌的定位意识。

Acer
Acer
A Fresh Perspective
MONITOR
CD-ROM

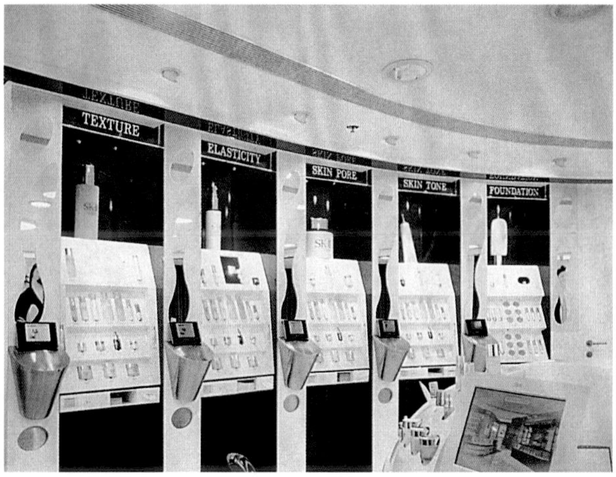
TEXTURE
ELASTICITY
SKIN PORE
SKIN TONE
FOUNDATION

展示空间的色调与展品色彩十分和谐，使体积甚小的香水瓶融合成一个整体，同时提升了该产品品位。

华丽的灯光是营造气氛的好帮手。

深色的背景与白色画架及蓝色衬布衬托了金色饰物的高贵华丽，其色彩的运用简洁明快。

红、黄、蓝三种象征色彩运用得十分到位。

别致淡雅的展示空间为顾客营造出干净舒适的休闲环境。

GORE
WEATHERZONE

新枫叶
Maple Leaf

IMAX DOME
JOHN W. WOODS THEATER

SYSGEN

KING STAR

CAFE-BAR
EETCAFE

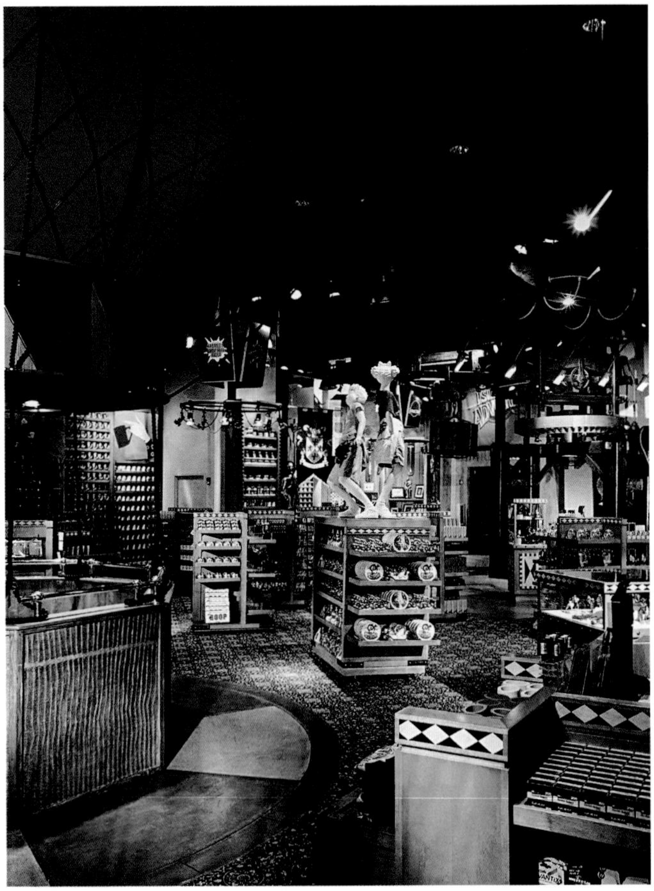

单一的环境色彩是为了突出品牌产品的色彩整体感。

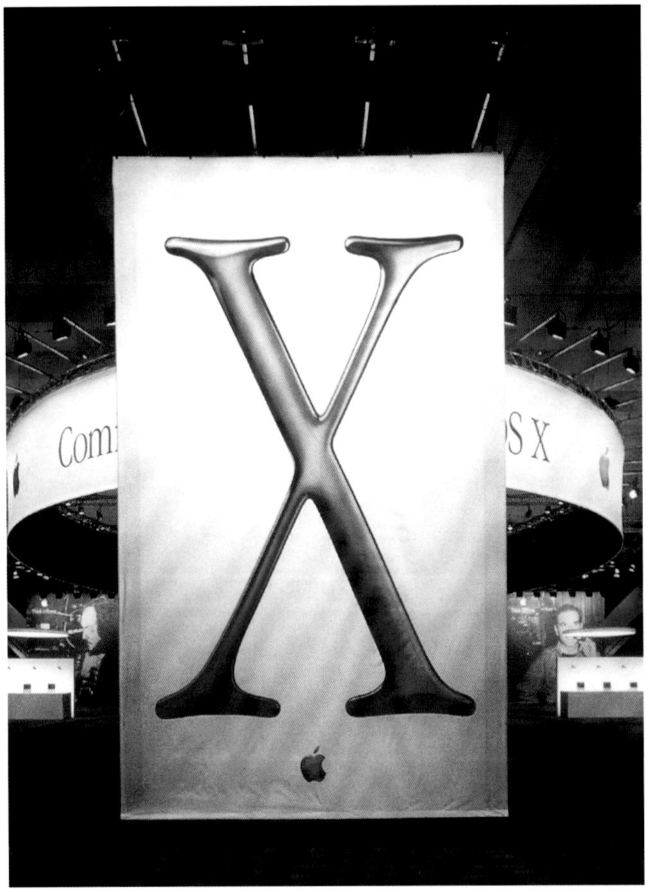

大面积的红色暖调中运用小面积蓝色来点缀，遵循了色彩原则，既统一又对比。

暖灰色调与青绿色调的墙面、灯光的对比融合，令整个空间的清新别致感发挥到极致。

暖黄色灯光十分配合该服装当季的色调要求。

洗手间用黑白两色来表现，提升了其清洁舒适感。

深色的展示空间运用白色的灯光，既能突出产品个性又极具有现代感。

自然的灯光令空间的材质保留了原汁原味。

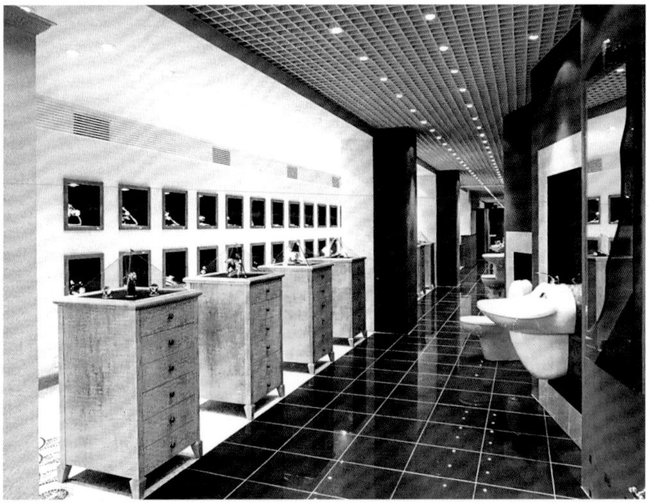

柔和的黄色调与冷峻的深色调既有对比又营造出别致的空间。

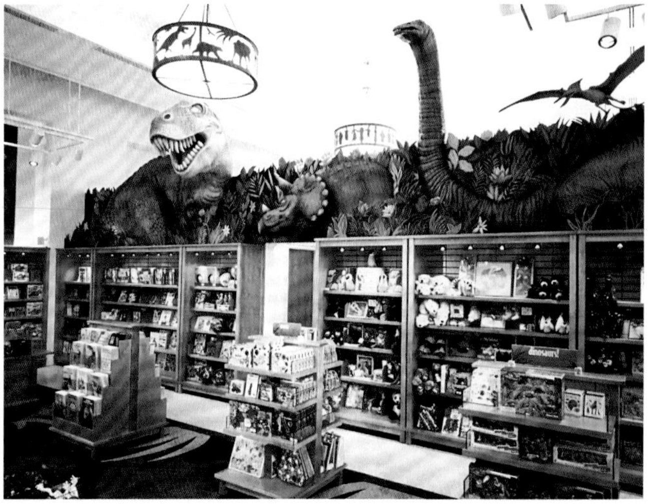

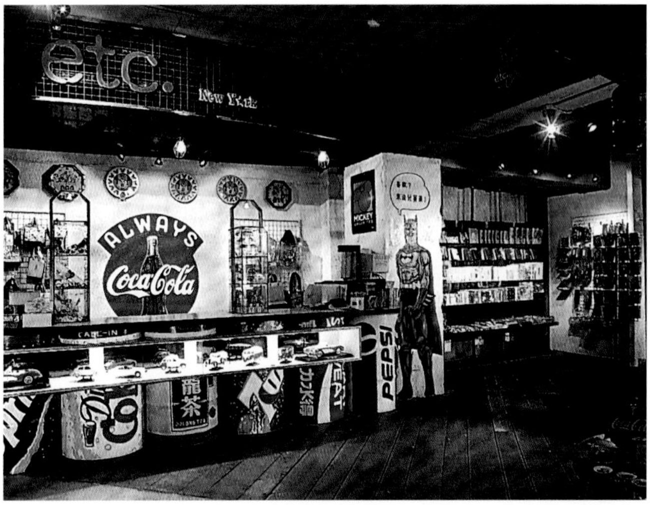

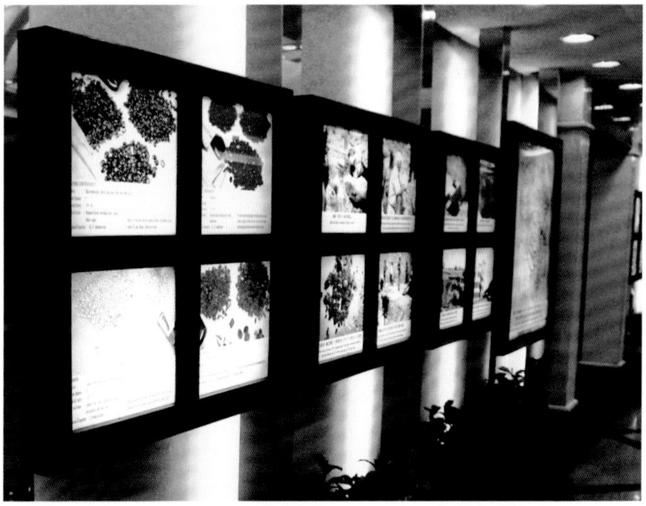

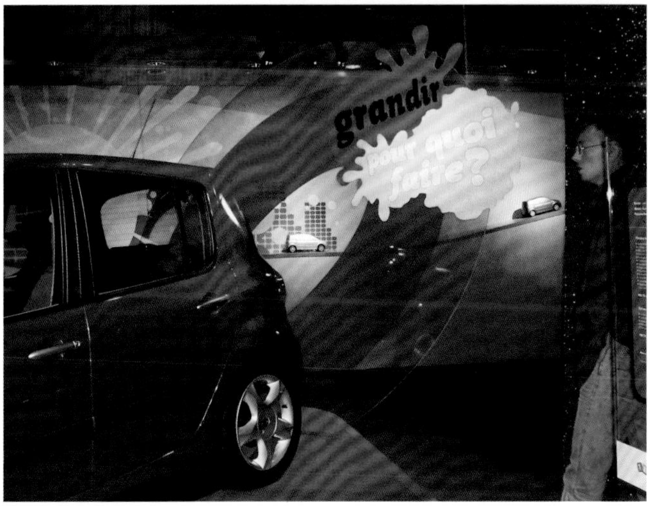

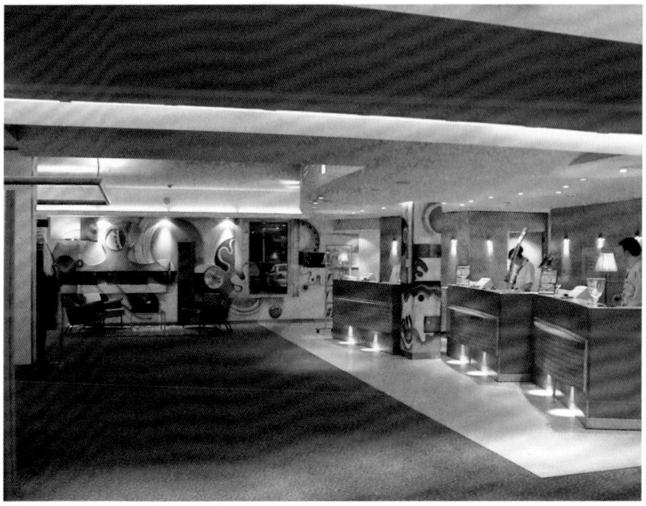

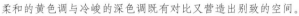

REAL ESTATE INVESTMENT TRUST

Coffee

展示空间中黑、白、灰关系的处理使效果更具层次感。

醒目的产品标识用色在黑色的环境中把观众的眼球牢牢吸引住。

品位的空间，品位的服装。展品与展示空间的统一大大提升了品牌的整体感。

红色调与蓝色调大小面积的对比运用且加以光效，使整个空间层次丰富，美轮美奂。

鞋子以黑色调为主，它的展示空间色彩以浅色调为主，遵循了色彩明暗对比的原则。

清爽简单的色调空间十分适合严肃的工作场所。

绚烂的色彩、超酷的人物造型正符合年轻消费者的心理。

展板运用黑、白两色的打散构成，塑造了一个现代、简洁的展示空间。

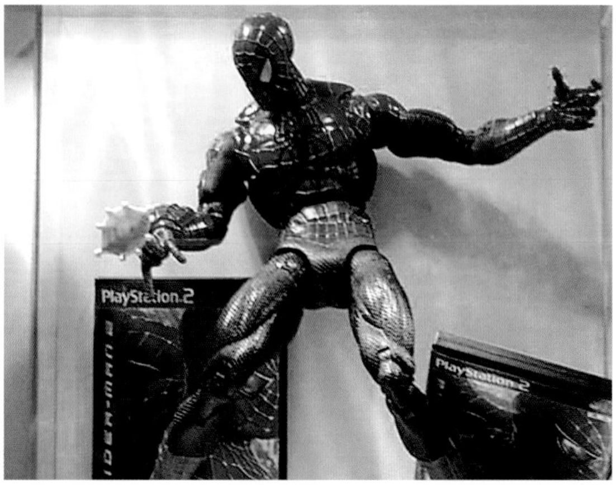

由于展示主题色彩的强烈，设计者把背景色彩处理成单一的白色，起到强化主题的效用。

色彩缤纷的墙面及灯光为顾客打造轻松愉快的气氛。

绝对女神

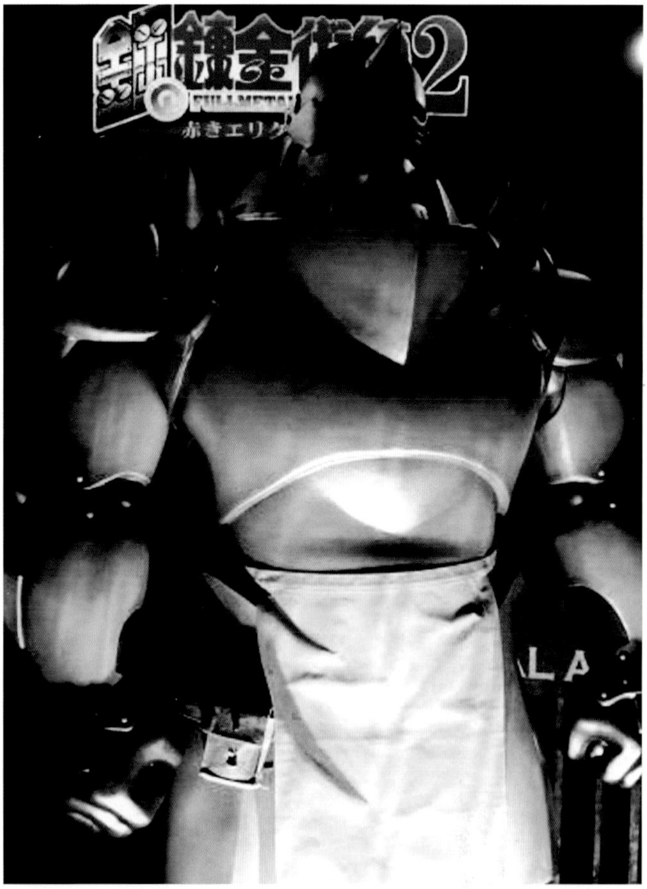

BANKERS BOX
records storage systems
DIVISION OF FELLOWES MANUFACTURING COMPANY

ワイヤレス液晶テレビ
FACE
WIRELESS
TOSHIBA

EYE TOY
Play

巴哈姆特电玩资讯站
http://www.gamer.com.tw

TECMO
TECMO

GRAVITY
ATi
EA
CAPCOM
Microsoft
SEGA
VALVE

NVIDIA

火红的生活，火红的互动。浓烈的红色氛围展现了人们对生活火一样的热情。

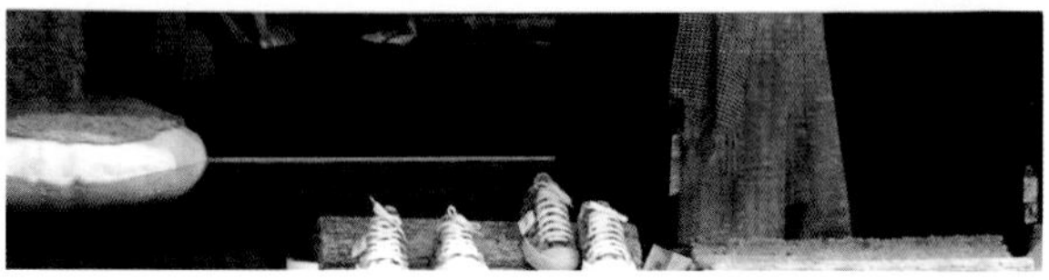

神秘的黑色展示板凸显了产品个性，并为观众营造出一个“魔兽的世界”。

图书在版编目(CIP)数据

展示设计色彩／陆红阳编著．—南宁：广西美术出版社，2005.2
(现代设计色彩教材丛书)
ISBN 7-80674-599-8

Ⅰ．展... Ⅱ．陆... Ⅲ．陈列设计—色彩学
Ⅳ．J525.2

中国版本图书馆 CIP 数据核字（2005）第 010797 号

艺术顾问　柒万里　黄文宪
主　　编　陆红阳　喻湘龙
本册著者　利　江
编　　委　汤晓山　陆红阳　喻湘龙　林燕宁
　　　　　何　流　周景秋　利　江　陶雄军
　　　　　李　娟
出 版 人　伍先华
终　　审　黄宗湖
策　　划　姚震西
责任编辑　白　桦
文字编辑　于　光
校　　对　黄　艳　陈小英　刘燕萍　尚永红
封面设计　姚震西
版式设计　白　桦

丛书名：现代设计色彩教材丛书
书　名：展示设计色彩
出　版：广西美术出版社
地　址：南宁市望园路 9 号(530022)
发　行：广西美术出版社
制　版：广西雅昌彩色印刷有限公司
印　刷：深圳雅昌彩色印刷有限公司
版　次：2005 年 4 月第 1 版
印　次：2005 年 4 月第 1 次
开　本：889mm × 1194mm　1/16
印　张：6
书　号：ISBN 7-80674-599-8/J · 428
定　价：32.00 元